DE L'ÉVOLUTION HISTORIQUE

DU

SENS DES COULEURS

RÉFUTATION

DES THÉORIES DE GLADSTONE ET DE MAGNUS

PAR

LE D* H. DOR

(A LYON)

Professeur honoraire de l'Université de Berne.

MÉMOIRE PRÉSENTÉ A L'ACADÉMIE DES SCIENCES, BELLES-LETTRES ET ARTS DE LYON

Dans la séance du 19 novembre 1878.

PARIS

G. MASSON, LIBRAIRE-ÉDITEUR

BOULEVARD SAINT-GERMAIN

LYON, GENÈVE, BALE

HENRI GEORG, LIBRAIRE-ÉDITEUR

DE L'ÉVOLUTION HISTORIQUE

DU

SENS DES COULEURS

DE L'ÉVOLUTION HISTORIQUE

DU

SENS DES COULEURS

RÉFUTATION

DES THÉORIES DE GLADSTONE ET DE MAGNUS

PAR

LE Dr H. DOR

(A LYON)

Professeur honoraire de l'Université de Berne.

MÉMOIRE PRÉSENTÉ A L'ACADÉMIE DES SCIENCES, BELLES-LETTRES ET ARTS DE LYON

Dans la séance du 19 novembre 1878.

PARIS

G. MASSON, LIBRAIRE-ÉDITEUR

BOULEVARD SAINT-GERMAIN

LYON, GENÈVE, BALE

HENRI GEORG, LIBRAIRE-ÉDITEUR

DE L'ÉVOLUTION HISTORIQUE

DU

SENS DES COULEURS

RÉFUTATION

DES THÉORIES DE GLADSTONE ET DE MAGNUS

PAR

LE Dr H. DOR

(A LYON)

Professeur honoraire de l'Université de Berne.

MÉMOIRE PRÉSENTÉ A L'ACADÉMIE DES SCIENCES, BELLES-LETTRES ET ARTS DE LYON

Dans la séance du 19 novembre 1878.

Il y a longtemps déjà que les philologues et les commentateurs des auteurs anciens ont cherché à établir que les descriptions que ces auteurs nous donnent de leur perception des couleurs ne s'accordent que difficilement avec nos connaissances actuelles et avec les sensations que produit sur nos yeux la vision d'objets colorés. — Pour n'en citer qu'un exemple je mentionnerai l'ouvrage de *Gladstone*, ex-chancelier de l'Echiquier, publié en 1858 et intitulé : « *Studies on Homer and the Homeric age* ». Gladstone en étudiant les acceptions variées des différentes expressions que nous traduisons habituellement par les noms des couleurs, arrive aux conclusions suivantes : « 1° Homère a fait usage plus qu'aucun autre poète de toutes les expressions qui décrivent les effets lumineux dans toutes leurs modifications et à tous les degrés d'intensité, mais ses descriptions et ses dénominations des différentes couleurs sont non-seulement très-imparfaites, mais encore très–indécises. Homère avait donc une perception très-défectueuse et très-indécise des couleurs prismatiques (qui proviennent de la réfraction de la lumière) comme par exemple de celles de l'arc-en-ciel, et cela est plus frappant encore pour les couleurs mélangées. »

« 2° Nous devons donc chercher une autre base pour son système des couleurs. »

Tant que ces assertions ne reposaient que sur des données philologiques sur lesquelles nous aurons bientôt à revenir les physiologistes n'eurent pas à s'occuper de ces querelles de savants. Mais un jeune professeur d'ophthalmologie de l'Université de Breslau, M. Magnus, en voulant expliquer cette hypothèse par les doctrines du transformisme a tout récemment posé la question de telle façon qu'elle réclamait un nouvel examen et se recommandait aux méditations et à l'étude de tous ceux qui s'intéressent au progrès des sciences naturelles. Le travail de Magnus (1) vient d'être traduit en français par M. Jules Soury et quelques passages empruntés à la préface du traducteur nous serviront pour établir la portée de la question actuellement en discussion. « L'un des titres les plus glorieux de la science moderne, dit Soury, (l. c. p. v et vi), est d'avoir établi que les formes sans nombre des organismes vivants, loin d'avoir rien de fixe ni d'immuable, se sont développées au cours des siècles et se transforment indéfiniment sous l'action des forces de la nature. Ce qui est vrai des organes l'est aussi des fonctions. A toute modification dans la forme et la structure d'un organe correspond un changement dans l'activité fonctionnelle. Les organes des sens ont certainement varié comme les autres, mais les différences anatomiques y sont quelquefois presque imperceptibles et peuvent

(1) Zur geschichtlichen Entwickelung des Farbensinns. Leipzig, 1877.

échapper à l'investigation directe : l'évolution ou l'involution des fonctions attestent au moins que l'organe s'est modifié. »

« L'organe du sens des couleurs paraît être un exemple frappant de ce que nous avançons. »

« La nature a-t-elle toujours apparu à l'homme sous les couleurs que nous connaissons ? A-t-il toujours vu le ciel, les arbres et la mer colorés des mêmes teintes que nous y percevons ? Dans ce grand théâtre du monde où le décor et l'éclairage changent presque à chaque heure, a-t-il toujours été également sensible aux lueurs empourprées de l'aurore et du couchant, au vert tendre des jeunes pousses et à l'éclat intense des fruits mûrs ? Non, sans aucun doute, et l'enfant, dont la sensibilité de la rétine se développe encore si lentement du centre à la périphérie, l'enfant qui fixe avec tant de plaisir les couleurs vives alors qu'il est indifférent aux nuances vagues et indécises, l'enfant nous est un sûr témoin de l'état par lequel ont passé nos plus lointains ancêtres. » Et plus loin (introduction, p. ix). « Ajoutez les cas de cécité congénitale des couleurs qui semblent bien être, ainsi que tout phénomène atavique, une sorte de souvenir organique de l'espèce ». Mais laissons M. Soury pour revenir à M. Magnus ; ce dernier résume son travail par les trois lois suivantes (p. 118) :

« I. Dans l'histoire de l'évolution de l'homme, il y a une période durant laquelle le sens de la lumière a seul existé, le sens des couleurs faisant encore complètement défaut. »

« II. Le sens des couleurs est sorti, à l'origine, par voie de développement, du sens de la lumière : l'excitation incessante des éléments sensibles de la rétine sous l'influence de la lumière a peu à peu augmenté et perfectionné l'aptitude fonctionnelle de cette membrane, si bien qu'elle en est arrivée à distinguer et à sentir dans les rayons lumineux, non plus seulement leur intensité, mais aussi leur couleur. »

« III. Le temps dont les différentes couleurs ont eu besoin pour affecter la rétine, en tant qu'impressions spécifiques, est en raison inverse de la quantité de force vive qu'elles possèdent ; en d'autres termes, plus la quantité d'une couleur est grande, plus tôt cette couleur est parvenue à être sentie par la rétine ; plus elle est petite, plus la rétine a mis de temps à la distinguer et à la sentir. Il a donc fallu moins de temps aux couleurs d'une forte intensité lumineuse, et plus de temps à celles d'une intensité moindre, pour affecter la rétine et faire naître en elle une sensation d'une nature spéciale. »

Ainsi d'après Magnus le développement historique du sens des couleurs a suivi l'ordre des couleurs du spectre tel que l'indique Newton. Les hommes n'ont d'abord vu que le clair et l'obscur ; peu à peu s'est dégagée la notion du rouge, plus tard celle de l'oranger, puis du jaune et ainsi de suite jusqu'au violet. Magnus va même plus loin ; il n'hésite pas à spécifier l'état de cette évolution du sens des couleurs à une date historique précise. « Il n'est pas très-difficile, dit-il, de déterminer historiquement l'époque pendant laquelle le sens des couleurs ne consista qu'à sentir le rouge et le jaune, alors que toutes les autres nuances n'étaient pas encore perçues comme des modifications distinctes et *sui generis* de la sensation et demeuraient confondues dans la notion de l'intensité lumineuse. Les poëmes homériques fournissent justement pour cette époque des renseignements exacts et très-instructifs pour nous. »

« Les désignations des couleurs qu'on rencontre dans ces poëmes prouvent de la manière la plus évidente qu'à cette époque la rétine humaine ne pouvait encore reconnaître et sentir, d'après leur valeur chromatique réelle, que les couleurs riches en lumière, tandis que les couleurs d'une intensité de lumière moyenne ou inférieure telles que le vert, le bleu et le violet n'affectaient pas encore l'œil par un acte distinct de sensation : le vert se confondait avec la notion du jaune pâle, χλωρός; le bleu et le violet avec celle de l'obscur κυάνεος. »

« L'emploi d'expressions pour les couleurs prismatiques est complètement absent des poëmes homériques ainsi que l'a montré Gladstone, tandis qu'au contraire, les rapports que présentent les objets diversement colorés, à cause même de leur coloration différente, avec l'intensité lumineuse, avec la quantité absolue de lumière, sont notés par des expressions nombreuses et très-variées : λευκός, clair ; μαρμάρεος, scintillant ; γλαυκός, brillant ; τηλαυγής, blanc ; αἰόλος, multicolore ; ἀργός, éblouissant ; φαεινός, rayonnant ; αἴθοψ, étincelant ; αἴθων, étincelant ; μέλας, noir ; πολιός, gris, blanchâtre, sont autant d'expressions qui servent seulement à désigner la plus ou moins grande intensité lumineuse perçue. » (Magnus, p. 24).

Encouragé par les travaux de Magnus et de Geiger (1), qui tire des conclusions analogues de l'étude des livres les plus anciens, de la Bible, des Védas, des Zend-Avesta, Gladstone vient de revoir dans ce sens ses précédentes recherches et de publier dans le « *Nineteenth Century* » (Oct. 1877), un nouvel article sur le sens chromatique, dont une traduction allemande vient de paraître, à Breslau (2). Dans ce dernier travail, auquel nous sommes obligé de renvoyer pour les détails, Gladstone étudie dans Homère toutes les acceptions des expressions φοῖνιξ, πορφύρεος, ἐρυθρός, κυάνεος, χλωρός, etc. et il arrive de nouveau à la conclusion qu'aucune de nos dénominations actuelles des couleurs ne correspond exactement à l'idée que, d'après l'Odyssée et l'Illiade, Homère pouvait se faire de ces couleurs.

S'il s'agissait seulement de savoir si Homère était daltoniste (chromatotyphle) (3) ou même aveugle comme on l'a prétendu, nous n'aurions pas à nous en occuper ; mais aujourd'hui on ne s'en tient pas là, l'on nous dit : Au temps d'Homère l'humanité tout entière

(1) Zur Entwickelungsgeschichte der Menschheit, 1871 et Ursprung und Entwickelung der menschlichen Sprache und Vernunft 1872.

(2) Der Farbensinn, mit besonderer Berücksichtigung der Farbenkentniss des Homer. Breslau, 1878.

(3) Les Anglais, et en particulier Georges Wilson (*Researches ou Colour-Blindness, Edinburgh, 1855*), ont souvent protesté contre l'usage fait sur le continent des expressions de « Daltonisme, daltoniste ou daltonien » introduites dans la science en 1827 par Pierre Prévost, de Genève. Ils reprochent, avec assez de raison, à ceux qui font usage de ces termes d'avoir appliqué le nom d'un homme célèbre pour désigner un défaut personnel, singulière manière d'immortaliser son nom. La langue française ne se prêtant pas à

ne distinguait, là où nous voyons des couleurs, que des différences d'intensité lumineuse, tout au plus connaissait-on alors le rouge et le jaune ; les couleurs d'une moindre intensité comme le vert, le bleu et le violet, n'étaient pas perçues de même que nous ne voyons pas aujourd'hui les rayons ultra-violets. Magnus va même plus loin, et il admet que l'œil humain se perfectionnera encore et que, dans un temps plus ou moins éloigné, il distinguera ces rayons ultra-violets qui pour nous sont encore obscurs.

Mais si les doctrines du transformisme sont séduisantes et peuvent être soutenues pour les temps préhistoriques, je ne crois pas que l'étude des temps historiques ait jusqu'ici fourni une seule donnée positive en leur faveur. Voyons effectivement sur quels faits Magnus établit ses conclusions.

Comme première preuve à l'appui de ses assertions, Magnus cite Xénophane qui ne reconnaissait que trois couleurs dans l'arc-en-ciel.

Ἣν τ' Ἶριν καλέουσι νέφος καὶ τοῦτο πέφυκε πορφύρεον καὶ φοινίκεον καὶ χλωρὸν ἰδέσθαι.

« Celle qu'ils appellent Iris est un nuage, pourpre, rouge et jaune verdâtre ». Quant à moi cette description ne me paraît point si défectueuse, même en tenant compte de notre perception actuelle des couleurs, et plus d'un de nos contemporains, si seulement on ne lui a pas inculqué à l'école la doctrine de Newton des couleurs prismatiques, et s'il ne s'en tient qu'à sa propre appréciation, n'en trouverait pas de meilleure. Du reste aujourd'hui encore la doctrine de Newton ne manque pas de détracteurs soit

la composition des mots comme l'anglaise ou l'allemande, dans lesquelles on a adopté les expressions *colour-blindness* et *Farbenblindheit* on a tour à tour employé les dénominations de *chromatopseudopsie, dyschromatopsie, dyschrosie, parachromatisme*, etc. Mais ces termes ont l'inconvénient de ne pas s'appliquer à tous les cas, par exemple, à ceux bien constatés où les seules perceptions consistent en la connaissance du noir et du blanc. En conséquence, je propose aujourd'hui les noms de *chromatotyphlose*, cécité des couleurs, pour le substantif et de *chromatotyphle* pour l'adjectif daltoniste, mots qui correspondent exactement aux expressions anglaises et allemandes constamment usitées de : colour-blindess, colour-blind, Farben-blindheit, farbenblind ou færgblindhet des Suédois.

que ceux-ci défendent toujours la théorie de Goethe, soit qu'ils aient une autre idée des couleurs primitives. En outre, nous ne devons pas oublier que Xénophane (617 à 517 av. J.-C.) avait une conception toute particulière de l'univers. Il fut le fondateur du panthéisme, et pour lui le monde provenait de deux éléments, de la terre et de l'eau ; il enseignait que les pierres étaient des nuages condensés, le soleil un feu qui était allumé tous les matins et s'éteignait périodiquement. Sa description de l'arc-en-ciel est donc au moins aussi exacte que ses autres notions de l'univers. Celle d'Ovide qui l'appelle « l'arc aux mille couleurs » tout en étant plus poétique n'est nullement plus précise.

La description d'Aristote est plus exacte encore ; il y distingue le rouge φοινικός, le vert πράσινος et le bleu violet ἀλουργός, mais il ajoute expressément « entre le rouge et le vert apparaît souvent le jaune » τὸ δὲ μεταξὺ τοῦ φοινικοῦ καὶ πρασίνου φαίνεται πολλάκις ξανθόν.

En aucun cas nous ne pouvons comme Magnus déclarer ces observateurs daltonistes. Si nous voulons avoir une idée de la manière par laquelle les daltonistes représenteraient l'arc-en-ciel, il nous faut étudier au musée d'Amsterdam un grand tableau du « Déluge » où le peintre, dont le nom m'échappe malheureusement, a peint l'arc-en-ciel de 2 couleurs, jaune et bleu. C'est en effet ainsi que le voient aujourd'hui les malades atteint de cécité des couleurs (chromatotyphlose).

Pour me rendre un compte exact de la manière dont nos contemporains non lettrés décriraient l'arc-en-ciel, je m'adressai un jour à tous les malades de ma clinique et leur fis rendre compte des couleurs qu'ils se souvenaient avoir vues dans ce météore. — Si j'ai choisi ma clinique, c'est que là, dans une consultation gratuite, je n'ai que des malades de la classe bourgeoise inférieure, des ouvriers ou des campagnards, qui, je pouvais du moins le supposer (et le résultat de mon examen prouvera la vérité de mon hypothèse), n'avaient pas reçu à l'école les notions de physique, même les plus élémentaires ; je dois toutefois mentionner que dans une ville comme

Lyon, tous les ouvriers qui de près ou de loin travaillent à la fabrication des soieries sont très-exercés dans la connaissance des couleurs. — Sur quarante-trois personnes qui se présentèrent à mon examen, quatre seulement m'indiquèrent les sept couleurs et de ce nombre étaient les deux docteurs qui m'assistaient, dont l'un toutefois déclara n'avoir jamais vu l'indigo dans l'arc-en-ciel quoiqu'il le désignât d'après la théorie.   Total   4.

Deux personnes seulement indiquèrent cinq couleurs :

1 violet, bleu, vert, jaune,   —   rouge,
1   —   bleu, vert, jaune, orangé, rouge,   Total   2.

Treize indiquèrent 4 couleurs, soit par ordre de fréquence.

5   —   bleu, vert, jaune,   —   rouge,
2   —   bleu, — jaune,   —   rouge, — blanc.
1 violet, bleu,   —   —   —   rouge, rose,   —
1   —   bleu, — jaune,   —   rouge, rose,   —
1   —   bleu,   —   — orangé, rouge, — blanc.
1   —   — vert,   —   —   rouge, rose, blanc.
1   —   '— vert, jaune,   —   rouge, — blanc.
1   —   bleu, vert, jaune,   —   — rose. —   Total 13.

Dix-sept ne nommèrent que 3 couleurs.

6   —   bleu, vert,   —   —   rouge, — —
5   —   bleu,   —   —   —   rouge, — blanc.
2   —   bleu, — jaune,   —   rouge, — —
1 violet, bleu,   —   —   —   — rose,   —
1   —   bleu, — jaune,   —   — rose,   —
1   —   bleu, — jaune,   —   — — blanchâtre.
1   —   — vert,   —   —   rouge, — blanc. Total 17.

Cinq ne voyait que 2 couleurs.

2   —   bleu,   —   —   —   rouge, — —
1 violet,   —   —   —   —   rouge, — —
1   —   bleu, — jaune, (1)—   —   — —
1   —   — vert,   —   —   rouge, — —   Total   5.
Deux disaient ne point se souvenir.   Total   2.
                                                  Total 43.

(1) Il ne s'agit point d'un daltoniste.

Si maintenant nous additionnons la somme des couleurs indiquées, y compris les 4 cas qui s'en tinrent aux 7 couleurs prismatiques, nous voyons que le bleu est nommé 35 fois, comme le rouge, puis vient le jaune 24, le vert 23, le bleu 11, le violet 9, l'orange et le rose 7, enfin l'indigo 3 fois. Il est donc de toute évidence que la classe non lettrée de notre population, n'est pas aujourd'hui beaucoup plus avancée que Xénophane, et la moyenne donne des indications bien inférieures à celles d'Aristote.

L'hypothèse de Magnus et de Gladstone se base en outre sur l'assertion que dans les plus anciens livres de la Bible, dans Homère, dans les hymnes des Védas, dans le Zend-Avesta, aucune expression ne s'adapte exactement à nos dénominations actuelles des couleurs ; qu'en outre dans plusieurs passages le même mot ne peut pas signifier la même couleur (ainsi par exemple πορφύρεος que Homère emploie comme épithète pour des étoffes diverses, pour l'arc-en-ciel, pour le sang, pour les nuages, pour la mer, les vagues, pour la mort, etc.), qu'il n'est jamais question dans ces ouvrages du ciel bleu, de la mer bleue, des vertes prairies, etc.

Je dois pourtant citer ici quelques textes de l'Ancien Testament qui permettent difficilement une autre traduction. Ainsi pour le rouge : Genèse XLIX. 12. « Il a les yeux *vermeils* de vin et les dents blanches de lait » ; Proverbes XXIII. 31. « Ne regarde point le vin lorsqu'il se montre *rouge* et lorsqu'il donne sa couleur dans la coupe. » *Esaïe* I. 18. « Quand vos péchés seraient comme le *cramoisi*, ils seront blanchis comme la neige, et quand ils seraient *rouges* comme le vermillon, ils seront blanchis comme la laine. » Esaïe LXIII. 1. « Qui est celui qui vient d'Edom, de Botsra ayant les habits teints en *rouge*... » 2. « Pourquoi y a-t-il du *rouge* en ton vêtement ? »

Dans les chapitres XXVI, XXVII et XXVIII de l'Exode, nous trouvons plusieurs expressions qui ont été traduites par pourpre, écarlate, cramoisi, rouge ou bleu ; ici il est difficile de se prononcer, mais lorsque, comme dans le chapitre XXVI, 1, elles se suivent « Tu feras aussi le pavillon de dix rouleaux de fin lin retors, de *pourpre,* d'*écarlate* et de *cramoisi* », nous devons bien admettre qu'il s'agit de 3 couleurs ou du moins de 3 nuances différentes.

Magnus et Gladstone prétentent que le vert n'était pas perçu comme tel au temps d'Homère. Mais alors comment traduire le 30ᵉ verset du chapitre I de la Genèse : « Mais j'ai donné à toutes les bêtes de la terre et à tous les oiseaux des cieux et à toute chose qui se meut sur la terre ayant vie en soi-même toute herbe *verte* pour manger, » (χόρτον χλωρόν. Version des Septante) ? et, Genèse IX, 3 : « Tout ce qui se meut et qui a vie vous sera pour viande, je vous ai donné toutes ces choses comme l'herbe *verte* ? » Citons encore les passages suivants : Esaïe LXVII, 5 : « Sous tout arbre *verdoyant.* » Jérémie XVII, 2 : « ...de sorte que leurs fils se souviendront de leurs autels et de leurs bocages auprès des arbres *verdoyants...* » et 8 : « Car il est comme un arbre planté près des eaux..... Quand la chaleur viendra il ne s'en apercevra point et sa feuille sera *verdoyante.* » — Ezéchiel VI, 13 : « Sous tout arbre *verdoyant* et tout chêne branchu qui est le lieu où ils ont fait des parfums de bonne odeur. » — J'ai cité ce dernier passage pour répondre en même temps à une autre objection de Magnus qui prétend que les bonnes et les mauvaises odeurs ne sont pas perçues davantage que les couleurs.

Je ne m'arrêterai pas plus longtemps à ces preuves philologiques, car il est clair que l'on pourrait discuter des années sur la véritable signification d'un mot sans finir par s'entendre, surtout lorsqu'il s'agit d'expressions empruntées aux poëtes ou à des ouvrages d'une rédaction poétique.

N'avons-nous pas du reste dans la langue française actuelle de nombreuses expressions qui nous permettraient de conclure avec tout autant de droit que les Français du XIXᵉ siècle sont dépourvus d'un sens chromatique normal ? Ne parlons-nous pas de vin *blanc*, de pain *blanc*, de viandes *blanches*, de la race *blanche*, même de nuits *blanches*, de raisins *rouge*, de vin *rouge* ? Il est méchant, dit-on, comme un âne *rouge* (Littré). S'agit-il d'une couleur bien définie, lorsque nous disons un bas *bleu*, un conte *bleu*, une peur *bleue* ?

Cette dernière expression est même tout à fait l'équivalent de celle employée par Homère, « χλωρόν δέος, une peur *verte* ». — Notre mot rouge vient d'après Littré du sanscrit « radhira » d'où est provenu également l' ἐρυθρός grec et l'expression *vert* du sanscrit « Harit » (Littré) ou d'après Burnouf du Zend « Zairi ». Il serait très-facile de multiplier indéfiniment ces exemples. Je me permettrai seulement de faire encore quelques citations empruntées à des œuvres poétiques :

> Un rang de perles non pareilles
> Compose l'ordre de tes dents
> Et de l'éclat de deux *rubis* ardents
> Tu fais celui de tes lèvres merveilles.
>
> MALLEVILLE, l'un des premiers secrétaires
> de l'Académie française.

> Ces lèvres du plus beau *corail*,
> Ces dents du plus brillant émail,
> Ce teint d'*incarnat* et d'*albâtre*.
>
> PEZAY, professeur de Louis XVI.
> (1741-1777).

> Et votre peau blanche et très-fine
> Est d'une *hermine*.
>
> VOITURE.

Le célèbre caricaturiste Grandville a fait l'essai de peindre l'image d'une femme d'après une description poétique. Voici comment s'exprimait le poëte :

> Elle avait un front d'*ivoire*, des yeux de *saphir*,
> Des sourcils et des cheveux d'*ébène*, des joues de *rose*,
> Une bouche de *corail*, des dents de *perle* et un cou de *cygne*.

Essayez de vous représenter ce tableau, et vous aurez une idée de l'image que, d'après les descriptions poétiques, nos arrières neveux se feront de nos beautés actuelles.

En parlant du feu du ciel, Victor Hugo dit dans ses *Orientales* :

> Son flot *vert* et *rose*
> Que le soufre arrose
> Fait, en les rongeant,
> Luire les murailles,
> Comme les écailles
> D'un lézard changeant.
>
> . . . .

> En vain quelques mages
> Portent les images
> Des dieux du haut lieu ;
> En vain leur roi penche
> Sa tunique blanche
> Sur le soufre *bleu* ; —.

Ou lorsqu'il décrit Sara la baigneuse :

> Elle est là sous la feuillée
> Éveillée
> Au moindre bruit de malheur
> Et rouge, pour une mouche
> Qui la touche
> Comme une *grenade en fleur*.

Ou encore dans *Mazeppa* :

> Voilà l'infortuné, gisant, nu, misérable,
> Tout tacheté de sang, plus *rouge que l'érable*
> Dans la saison des fleurs.

Dans Alfred de Musset, nous lisons :

> Madrid.....
> Bien des sénoras long-voilées
> Descendent tes *escaliers bleus.*

> Oh viens ! dans mon âme froissée
>
> . . . . . .
> Viens verser *ta blanche pensée*
> Comme un ruisseau dans un torrent.

> Je me suis dit souvent que je l'aurais choisie
> Une lèvre à la turque, et, sous un col de cygne,
> Un sein vierge et *doré comme la jeune vigne.*
>
> (*Mardoche*).

> Non la neige est moins pâle et le marbre est moins blanc ;
> C'est un enfant qui dort. —.
>
> (*Rolla*).

> C'est une belle enfant que cette jeune mère,
> Un véritable enfant — ;
> En vérité, lecteur, pour faire son portrait,
> Je ne puis mieux trouver qu'une *goutte de lait.*
>
> (*Une Bonne Fortune*).

> Je vis que, devant moi, se balançait gaiement
> Sous une tresse noire un cou svelte et charmant ;
> Et, voyant cet *ébène* enchassé dans l'*ivoire*.....
>
> (*Une Soirée perdue*).

Voyons enfin Lamartine :

> Sur ses traits, dont le doux ovale
> Borne l'ensemble gracieux,
> Les *couleurs que la nue étale*
> Se fondent pour charmer les yeux.
>
> (*L'Humanité*).

> Et tes cheveux *cendrés*, jusques à ta ceinture
> Roulaient leurs ondes d'*or*.
>
> (*A Madame Delphine Gay*).

> Je vois passer, je vois sourire
> La femme aux perfides appas
> Qui m'enivra d'un long délire,
> Dont mes lèvres baisaient les pas !
> Ses blonds cheveux flottent encore ;
> Les fraîches *couleurs de l'aurore*
> Teignent toujours son front charmant,
> Et dans l'*azur de sa paupière*
> Brille encore assez de lumière
> Pour fasciner l'œil d'un amant.
>
> (*Pourquoi mon âme est-elle triste ?*)
> Harmonies poétiques.

En recherchant dans nos poètes français toutes les expressions qui se rapportaient à la vision des couleurs, j'ai été frappé du même fait que Gladstone signale déjà pour Homère, à savoir de l'excessive fréquence relative des expressions désignant l'intensité lumineuse et du petit nombre d'indications sur les couleurs proprement dites.

Je m'arrête ici. Si j'ai un peu prodigué les citations c'est que Magnus et Gladstone n'ont pas d'autres preuves pour appuyer leur hypothèse. Je crois avoir démontré que nos poètes modernes sont pour le moins tout aussi aveugles pour les couleurs que l'humanité au temps d'Homère, et je ne sache pas que Gladstone ait rien cité qui, sous ce rapport, puisse se comparer à cet « azur de la paupière » dont parle Lamartine.

Il est donc impossible de tirer des expressions employées par les poëtes des conclusions au sujet de leur sens chromatique.

L'emploi d'un seul et même mot pour deux couleurs différentes ne permet pas davantage de tirer des conclusions, comme le font Magnus et Gladstone, car encore aujourd'hui nous trouvons des peuples qui n'ont qu'une seule dénomination pour deux couleurs différentes. Ainsi les Anamites à Saïgon et dans toute la Cochinchine disent encore aujourd'hui *xanh* (prononcez xiane, κυάνεος ?) pour vert et pour bleu, seulement ils ajoutent la qualification spéciale xanh troi (xanh comme le ciel) pour bleu, et xanh tre (xanh comme le bambou) pour vert.

Je crois donc que toutes les citations de Gladstone, de Geiger et de Magnus ont un grand intérêt philologique et littéraire, mais qu'elles sont tout à fait insuffisantes pour appuyer la théorie que nos ancêtres au temps homérique aient eu un sens chromatique différent du nôtre, et je veux maintenant passer à d'autres preuves qui démontreront d'une manière positive que « *même dans les temps historiques les plus reculés, c'est-à-dire aux temps des Assyriens et des anciens Egyptiens, le sens chromatique était développé au même degré que nous rencontrons encore aujourd'hui* ».

Je pourrais rappeler la ville d'Ecbatane dont les 7 murailles avaient chacune une couleur différente « d'après les 7 planètes » à savoir, blanc, noir, pourpre, bleu, orange, argent et or. Je pourrais citer la célèbre pourpre de Tyr dont le commerce était autrefois si important que les historiens nous racontent qu'on en aurait trouvé 5,000 quintaux dans les ruines de Babylone. Mais ici aussi l'on pourrait discuter sur la valeur exacte des termes et je préfère passer à des preuves plus positives.

Tous ceux qui ont visité les anciens temples de l'Égypte ont été saisis d'étonnement en voyant combien ils étaient admirablement conservés, même jusque dans les plus petits détails. Un pareil état de conservation est dû au fait que tous ces édifices dès qu'ils n'étaient plus habités ou entretenus étaient à chaque coup de vent couverts d'une nouvelle couche d'un sable fin et sec. Toutes les antiquités égyptiennes ont été de la sorte protégées contre les influences de l'humidité et de la température, et on les découvre aujourd'hui dans un état si parfait que l'on peut difficilement s'en faire une idée sans l'avoir constaté sur place. J'ai vu, par exemple, à Memphis, dans le temple de Ti, les nombreuses scènes finement sculptées et coloriées qui, recouvrant toutes les parois intérieures de cet édifice, nous initient à la vie entière de ce dieu. Partout les couleurs sont conservées et s'accordent parfaitement avec nos notions actuelles, comme du reste chacun peut s'en convaincre dans les expositions égyptiennes du British Museum à Londres, au Louvre, dans les musées royaux de Berlin et de Turin et au Caire, à Boulaq. Je pourrais citer de mémoire les diverses couleurs, mais pour ne pas commettre d'erreurs involontaires, je préfère faire un emprunt à un ouvrage publié en chromo-lithographie déjà en 1865 et intitulé : « *La Grammaire de l'Ornement* » par Owen Jones (Londres, Day et Son).

« L'architecture des Égyptiens est parfaitement polychromatique, il n'y a rien qu'ils n'aient peint... Comparons la fleur du lotus... Remarquons comme les feuilles extérieures sont distinguées par un *vert* sombre et les fleurs abritées de l'intérieur par un *vert* plus clair, tandis que les tons pourprés et jaunes de l'intérieur de la fleur sont représentés par des feuilles *rouges* flottant dans un champ de *jaune,* ce qui nous rappelle parfaitement le jaune éclatant de la fleur originale. Les couleurs dont les Égyptiens se servaient principalement étaient le rouge, le bleu et le jaune avec du noir et du blanc ; le vert s'employait généralement mais point universellement comme une couleur locale pour les feuilles vertes du lotus p. ex. Ces feuilles cependant se coloriaient sans distinction, soit en vert soit en bleu ; le bleu s'employait dans les temps les plus anciens, et le vert pendant la période ptoléméenne, et, à cette époque, on ajoutait même le pourpre et le brun. Le rouge qui se trouve sur les tombeaux et sur les caisses à momie de la période grecque ou romaine est plus faible de ton que celui des temps anciens, et c'est, à ce qu'il paraît, une règle universelle que, dans les périodes archaïques de l'art, les couleurs primaires bleu, rouge et jaune sont les couleurs qui prédominent et qui sont employées avec le plus d'harmonie et de succès, tandis que, dans les périodes où l'art se pratique traditionnellement au lieu de s'exercer instinctivement, il y a une tendance à employer les couleurs secondaires ainsi que toutes les variétés de teintes et de nuances, mais rarement avec le même succès » (l. c. pag. 25, voir aussi les planches égyptiennes).

« Quant aux couleurs, les Assyriens paraissent avoir employé le bleu, le rouge, le blanc et le noir dans leurs ornements peints ; le bleu, le rouge et l'or dans leurs ornements sculptés, et le vert, l'orange, le bufle, le blanc et le noir pour leurs briques émaillées ». (l. c. pag. 30.)

Mais là ne s'arrêtent pas nos connaissances sur ces couleurs. Nous possédons des analyses chimiques qui ont été déjà publiées en 1828 dans l' « Appendice du voyage du général de Minutoli » (1).

Ces analyses faites par le professeur John nous donnent les résultats suivants : « Sans vouloir ici discuter si les anciens ont dû produire les couleurs dont ils se servaient pour représenter les effets de la lumière et de l'ombre, ainsi que les différentes modifications des nuances, en faisant usage seulement des couleurs fondamentales, ou si au contraire ils se servaient d'autant de couleurs qu'ils en trouvaient dans la nature ou que leur art leur permettait de produire, je me contente de communiquer quelques résultats de recherches chimiques sur leur théorie et leur connaissance des couleurs..... Ces résultats nous prouvent que les anciens Égyptiens savaient non seulement faire usage des couleurs naturelles, mais aussi les produire par des mélanges. Les couleurs analysées sont les suivantes :

1° *Vert* (Thèbes). La couleur tient le milieu entre le vert végétal

(1) *Reise zum Tempel des Jupiter Ammon in der lybischen Wüste und nach Ober-Ægypten*, in den Jahren 1820-21, von Heinr. Frhr. v. Minutoli. Im Auszuge mitgetheilt von August Rücker. Berlin 1828.

et le vert de montagne (carbonate de cuivre). Elle est produite par un mélange d'un pigment végétal jaune et d'un bleu à base de cuivre.

2. *Bleu verdâtre* (Memphis). Cette couleur est seulement un bleu de cuivre qui a dû être primitivement bleu et qui est devenu verdâtre par les influences atmosphériques.

3. *Bleu azur clair* (Thèbes). Oxyde de cuivre, silice, soude.

4. *Bleu azur foncé* (Memphis). Même composition que la précédente.

5. *Bleu de montagne.* Idem.

6. *Brun* provenant du visage d'une jeune fille. Oxyde de fer brun-rouge avec addition de craie.

7. *Rouge brique de la peinture à fresque.* L'analyse prouverait que les anciens enduisaient les murs des catacombes avec une couche de chaux fine ou de craie et peignaient ensuite avec un mélange d'oxyde rouge de fer et de cire punique.

8. *Brun rouge.* Oxyde de fer.

9. *Jaune* (Thèbes et Abydos). La couleur est très-pure, d'un jaune soufre clair et provient d'un pigment végétal.

M. le professeur John a également analysé 3 échantillons de verres colorés.

1° *Verres bleus* de Memphis. Leurs couleurs sont très-pures, bleu de ciel ou azur ; elles sont opaques ou diaphanes et produites par de l'oxyde de cuivre avec quelques traces d'oxyde de fer.

2° *Verre bleu* de Thèbes. La couleur est outremer foncé ; le verre est à demi-transparent et transparent dans les petits éclats. D'après l'analyse ce verre est fabriqué avec de la silice, de la soude, de la chaux, etc. et un peu d'*oxyde de cobalt*, contenant encore quelques traces de fer. On voit par là la haute antiquité de l'emploi de ce métal dans les arts de la coloration.

3° *Verre violet* de Memphis. Transparent, de couleur d'améthyste. L'analyse démontre que la coloration de ce verre est due à de l'oxyde de manganèse.

                DE L'ÉVOLUTION HISTORIQUE

La riche collection du baron de Minutoli possède encore plusieurs sortes de tissus antiques fabriqués avec la laine de byssus.

« Une sorte est *jaune pâle* (probablement teinte avec des feuilles de henné), une seconde est *brun jaune* (teinte peut-être avec de l'extrait aqueux de garance, avec addition de feuilles de henné ou de tamarin), une troisième *brun châtain* (haarbraun), peut-être comme la précédente, avec addition de goudron ; la quatrième enfin couleur *rouge chair foncé*. Il n'y a pas de doute que ce byssus est teint avec de la garance. » (l. c. p. 269.)

De tout ce qui précède, je conclus que le plus ancien peuple historiquement connu, les Égyptiens, avait non seulement perçu mais exactement imité les couleurs suivantes : vert, vert bleu, bleu azur clair, bleu azur foncé, bleu de montagne, brun, rouge brique, brun rouge, jaune, jaune pâle, brun jaune, brun châtain, rouge chair foncé et violet. Ils connaissaient déjà l'emploi des sels de fer, de cuivre, du manganèse et du cobalt.

L'âge des différentes sources littéraires auxquelles ont puisé Magnus et Gladstone est difficile à déterminer d'une manière exacte. Les dates et les doctrine des 4 Védas sont très-différents. On prétend (surtout pour les 3 premiers) qu'ils ont été inspirés par Brahma. D'après des données, peut-être légendaires, ils auraient été rédigés par Vyassa qui les aurait compilés dans le IVe siècle avant J.-C. — Le Zend-Avesta, expression de la doctrine de Zoroastre, doit remonter suivant les uns à 6 siècles, suivant les autres jusqu'à 13 siècles avant J.-C. — Homère doit avoir vécu dans le IXe ou Xe siècle avant J.-C. (907 d'après les Marbres de Paros). Moïse enfin vivait, dit-on, de 1725 à 1608 avant J.-C.

Or à cette époque Rhamsès était à Memphis, où les rois des 18e et 19e dynasties avaient transféré le siége du gouvernement, tandis que les temples et les palais de Thèbes furent construits par des Pharaons qui remontent jusqu'à la 21e dynastie.

Les couleurs dont l'analyse a été faite sont au moins de 6 à 7 siècles plus anciennes qu'Homère, peut-être même 1,000 ans plus anciennes que Moïse.

Je crois avoir ainsi, du moins pour les temps historiques, réfuté par des faits positifs l'hypothèse de Magnus et de Gladstone d'une évolution historique du sens des couleurs. «Les faits sont aujourd'hui la puissance en crédit ». (Guizot.)

Je m'arrête, messieurs. Il serait facile de discuter des heures encore sur chacune des assertions que j'ai combattues en bloc. Nous verrions si la véritable signification de πορφύρεος est « foncé » et celle de κυάνεος « couleur de bronze », si γλαυκῶπις veut dire « aux yeux clairs » comme le veut Gladstone, mais je me rappelle à temps une remarque de M. Emile de Montégut. « Nos pères, dit-il, avaient le temps de rectifier leurs jugements sur un écrivain et de découvrir, sous l'épais nuage d'ennui, dont il s'enveloppait trop souvent, les qualités qui le distinguaient, la part de vérité que contenaient ses écrits ; mais les dieux turbulents et actifs qui gouvernent notre époque nous ont défendu ces loisirs. — Si donc vous avez quelque bonne vérité à dire aux hommes, quelque idée juste à faire passer, réglez votre conduite sur ce principe, que vos auditeurs sont pressés et qu'ils vous trouveront indiscret, si vous n'avez l'art de leur faire oublier les précieuses minutes qui s'envolent pendant qu'ils vous écoutent ». (*Revue des Deux Mondes*, 1860, p. 981.)

(Extrait des Mémoires de l'Académie des Sciences, Belles-Lettres et Arts de Lyon).

Lyon, Assoc. typ. — C. Riotor, rue de la Barre, 12.